去上学

皮皮去上学，怎样才能安全走到学校呢？请你帮他画一画吧。

小问找牛奶

如果小问按照 ▲ ➡ △ ➡ ▲ 的顺序走，怎样才能找到牛奶呢？

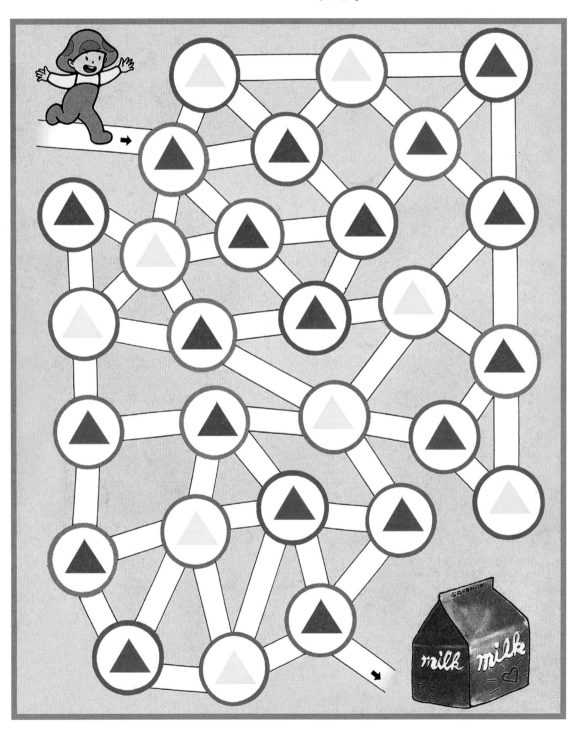

2

如果小问按照 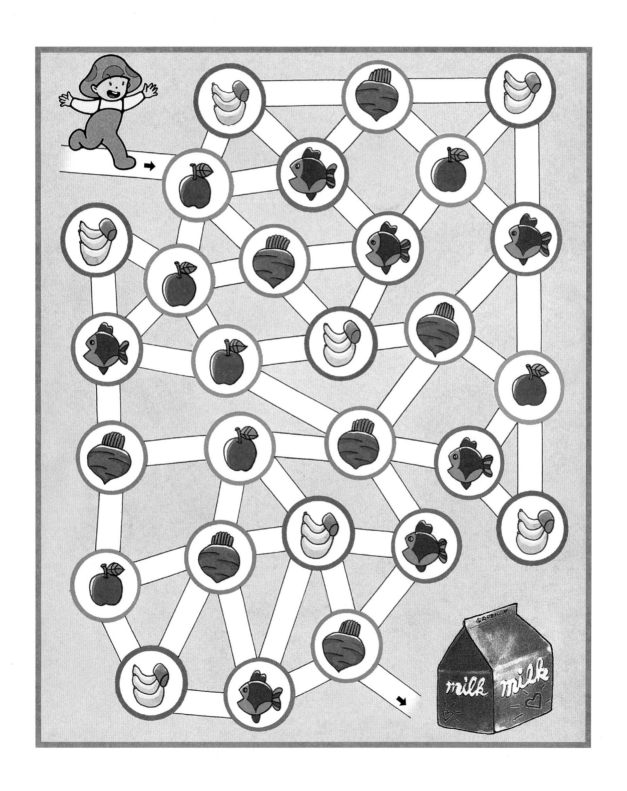 ➡ 🍤 ➡ 🐟 ➡ 🌰 的顺序，又该如何找到牛奶呢？

3

招待客人

小兔招待朋友，它要请每只动物喝1杯绿茶、1杯红茶、1杯橙子汁、1杯葡萄汁，请问它已经准备了多少杯，还少多少杯？请用画圈圈的方式，将少的数量补充在对应的托盘上吧!

一共 ☐ 只动物

5

画画看

每个方格里只有3种颜色，如果要保证每个竖排、横排的颜色都不一样，空格里该涂上什么颜色呢？

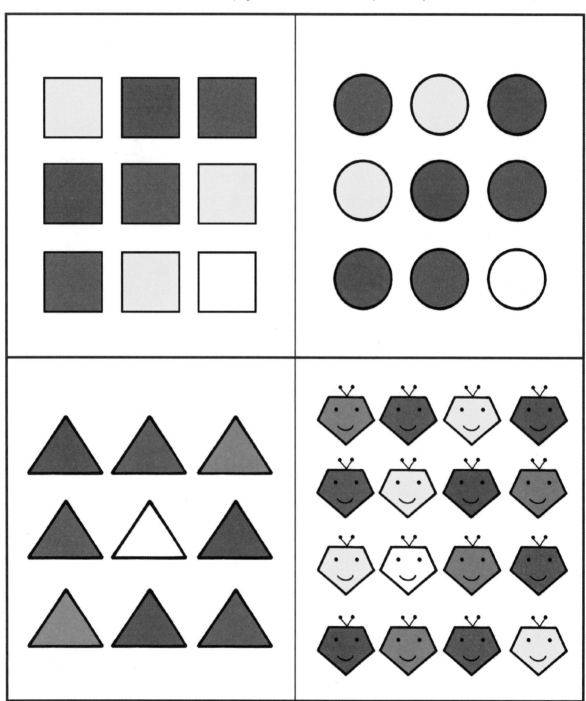

每个方格里只有 3 种图案，如果要保证每个竖排、横排的图案都不一样，空格里的图案是什么呢？

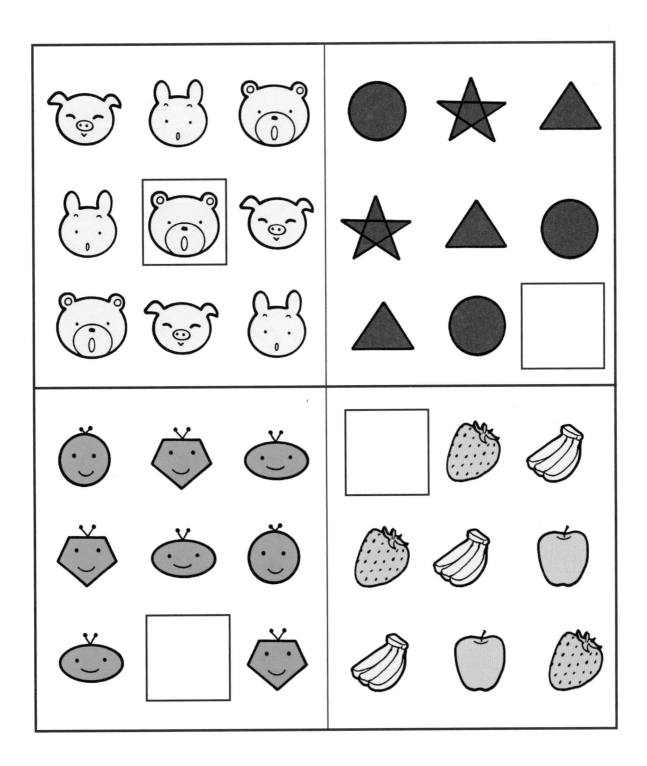

数数有几只

数数看，天空、池塘和河口一共有几只大白鹭？其中有几只正在天空飞，有几只正在抓鱼吃呢？

共有 ☐ 只。

在天空飞的有 ☐ 只。

抓鱼吃的有 ☐ 只。

数字接龙

小朋友，请跟着箭头的方向走，然后根据数字的顺序，在空格中填上正确的数字吧。

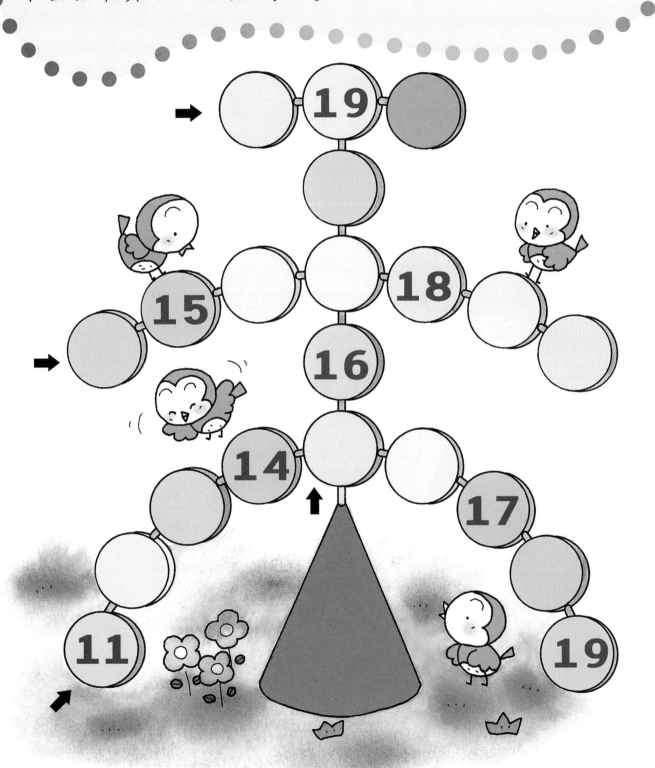

河马过生日

河马要过生日了，想请朋友们吃蛋糕，它该怎么切，才能把圆形蛋糕和方形蛋糕各切成 8 块呢？

生日快乐

拜访外婆

外婆住在一座小岛上。小熊该怎么走，
才能安全抵达外婆家呢？请你试试看。

15

有多少人

这里有好多小朋友，他们分组排成了两个数字，请说一说这两个数字是什么？每个班级小朋友的衣服颜色都不同，请问每个班级各有几个小朋友？请在□中写下数字。然后每两个班级比一比，人数多的班级在○中打√。

A	B	C	D	E	F	G
8	7					

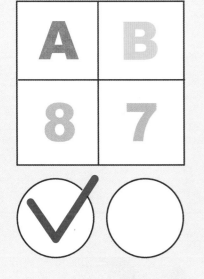

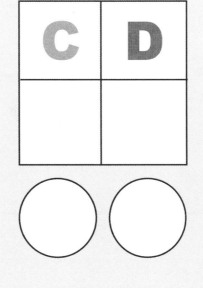

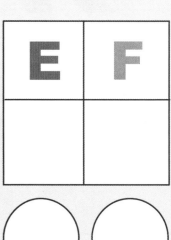

堆堆看

右边的图形是由左边的哪一堆积木堆成的？请用线连起来。

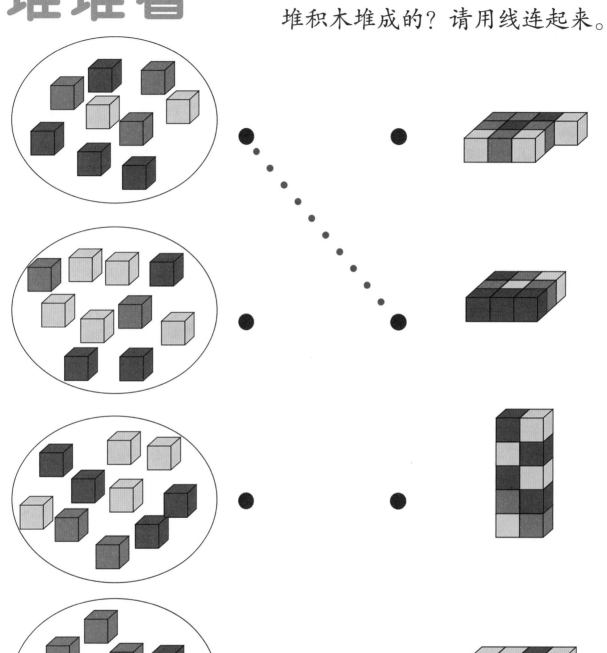

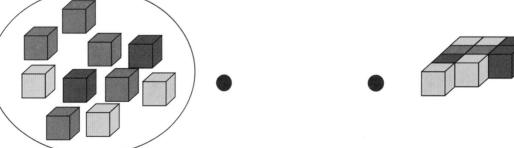

谁拿的最多

每个小朋友都收到许多礼物，数数看，谁拿的故事书最多？请在□里打√。谁拿的积木最多？请在□里画○。

谁不一样

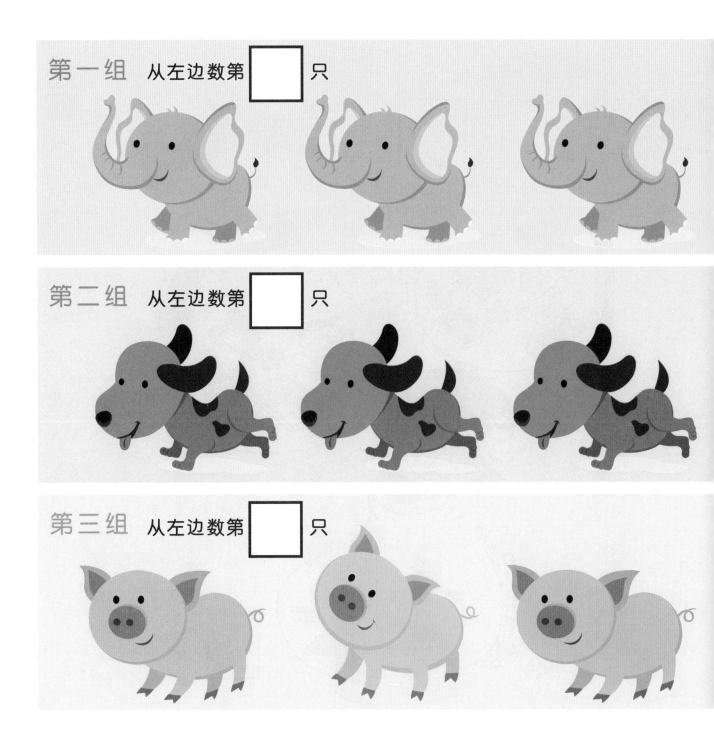

第一组　从左边数第 □ 只

第二组　从左边数第 □ 只

第三组　从左边数第 □ 只

下面有 3 组动物，每组都有 1 只动物有点与众不同，请你将它圈出来，并数数看，从左边数是第几只？从右边数又是第几只？然后将数字写在□里。

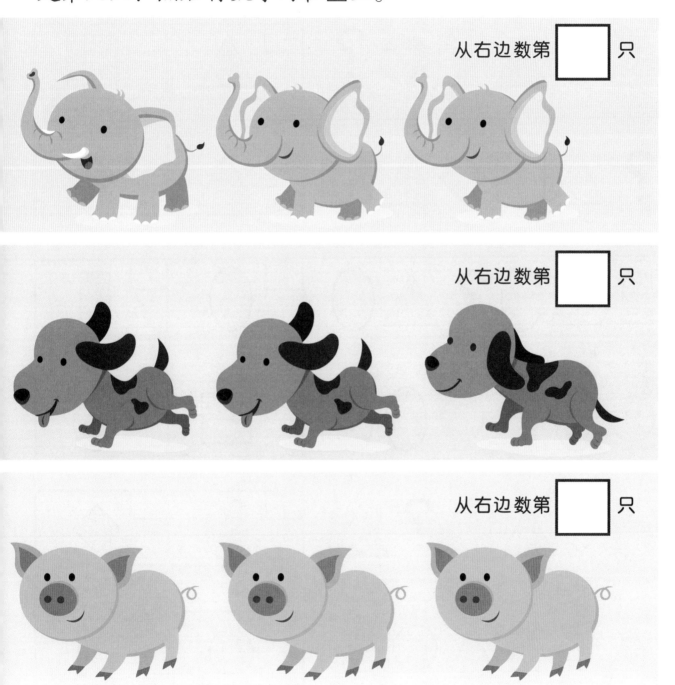

从右边数第 □ 只

从右边数第 □ 只

从右边数第 □ 只

图形接龙

每行图形都是按照一定规律排列的。请你想想看，？应该是什么图形？请在□里打√。

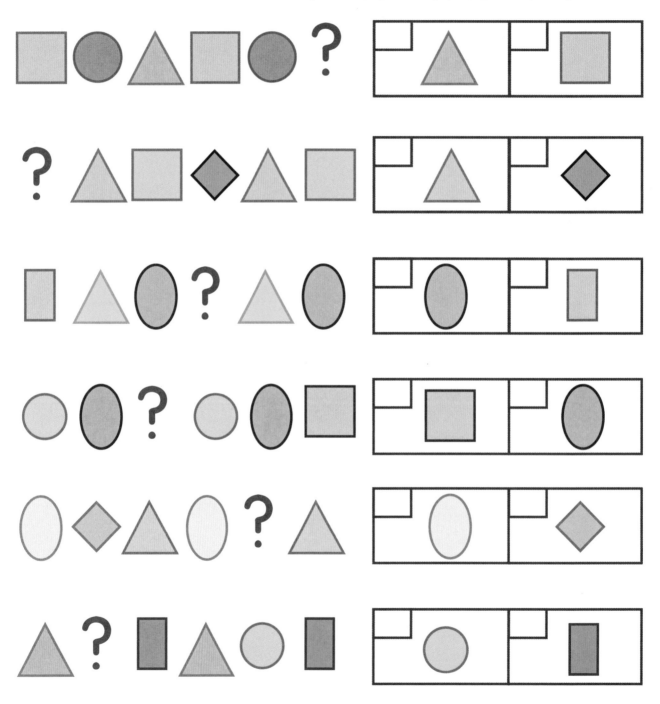

蝴蝶和蜜蜂

蝴蝶和蜜蜂在玩捉迷藏，蝴蝶必须穿过花的迷宫，才能找到蜜蜂，它该怎么走呢？

动物排队跳舞

动物们正在唱歌跳舞，每排动物都是按照一定规律排列的。你知道 ❓ 的位置应该排什么动物吗？请在右边的方框里圈出来。

圆一样大吗

这里有 4 组圆圈，你觉得哪组中间的圆圈最大？还是你认为它们一样大呢？你可以用尺子量量看。

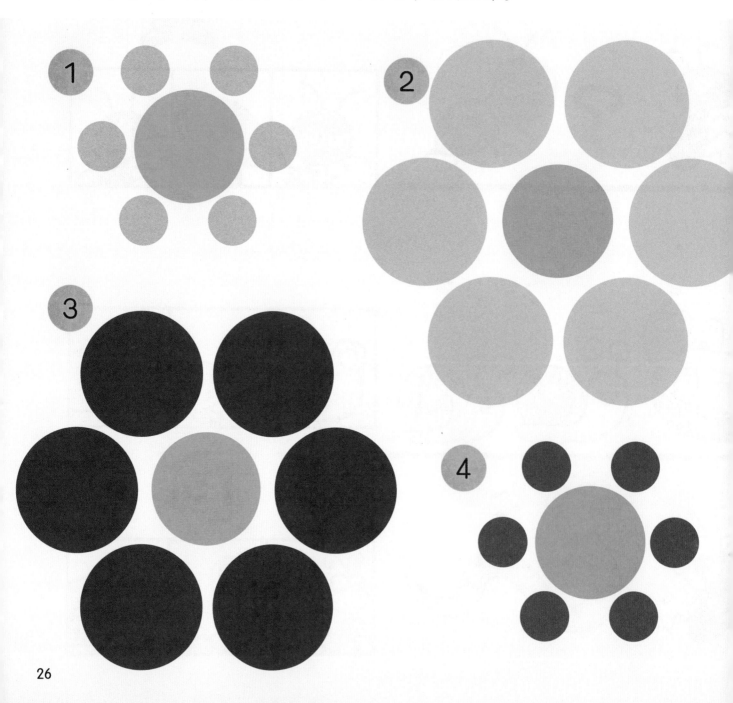

数量一样多吗

下面有 3 组图，请你数一数，每种图片有几个，把答案写在□中，再看看每组中东西的数量是不是一样多。

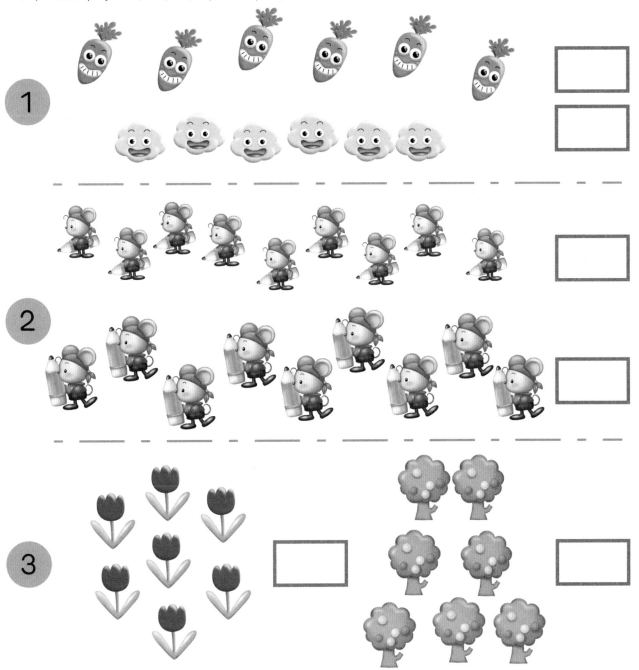

找家人

春天到了 🌷 开，
夏天到了 🌼 大，
秋天到了 🐦 飞，
冬天到了 🐸 睡。

28

小老鼠、小兔子、小猪要找自己的家人，它们都要依照 🌷 ➡ 🌻 ➡ 🕊 ➡ 🐭 的顺序前进，该怎么走才对呢？请把路线画出来。

动物栅栏

动物园里有好多动物，要给每种动物都建造栅栏。请你仔细观察，然后根据栅栏的形状，找出对应的序号吧。

小老鼠买面包

　　小老鼠带了 20 元到猪妈妈的面包店里买面包，右边标出了每种面包的价钱，下面有许多种买法，请你帮小老鼠算算看，超过 20 元的在□里打 ×，没有超过的打 √。

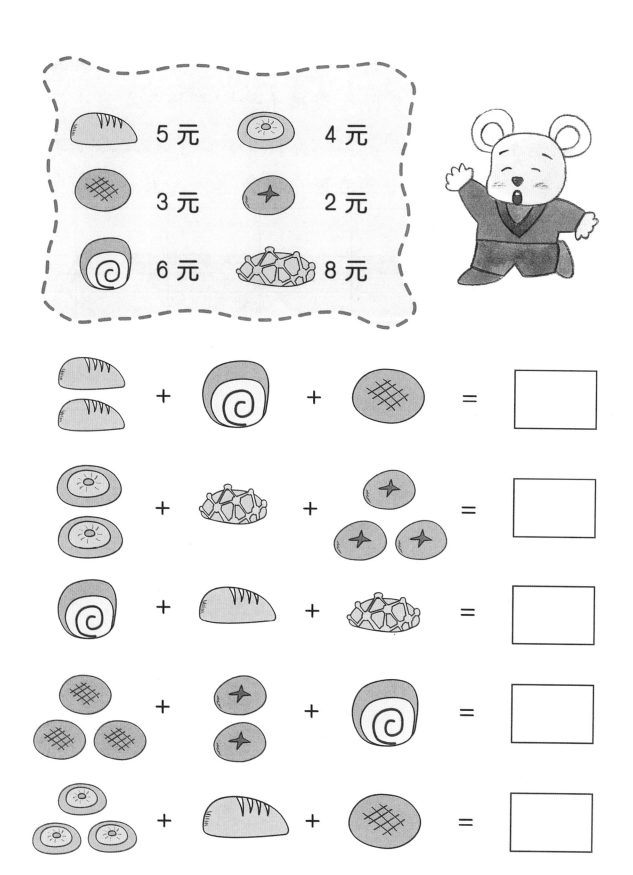

33

拜访好朋友

小恐龙想要拜访老鼠，如果小猪住在2号3楼的房子里，小章鱼住在3号5楼的房子里，请问老鼠住在几号、几楼的房子里呢？请告诉小恐龙吧！

水晶球

小女巫要怎么穿过树干迷宫，找到水晶球呢？请小朋友走走看。

企鹅有难

海豹、海狮和鲨鱼都是企鹅的敌人。有只海狮正在追企鹅，企鹅该怎么走，才能逃到安全的地方，不会碰到敌人呢？

安全区

小木偶
要回家

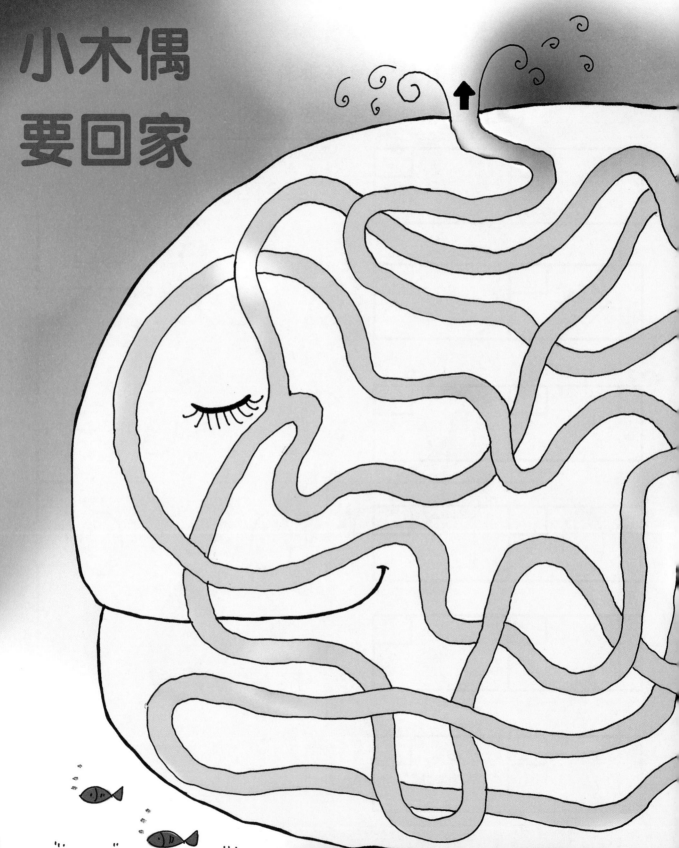

小木偶匹诺曹被吃进鲸的肚子里了，在那里他找到了爸爸，你可以帮小木偶和他爸爸走出鲸的肚子回家吗？

秃鹫捉小鸡

秃鹫来了，鸡妈妈赶紧将鸡宝宝们带回家。每条路都只能走一次，请问鸡妈妈该怎么走，才能把所有鸡宝宝带回家呢？

起点

40

终点

41

运动会

数数看，运动会上有 ☐ 人在拔河，有 ☐ 人在赛跑，有 ☐ 人在踢球呢？

终点

1 2 3 4 5

马拉松

操场上有▲、♥、●、★ 4条跑道，谁选的跑道最长？请数一数图案的数量，并在□中打√。

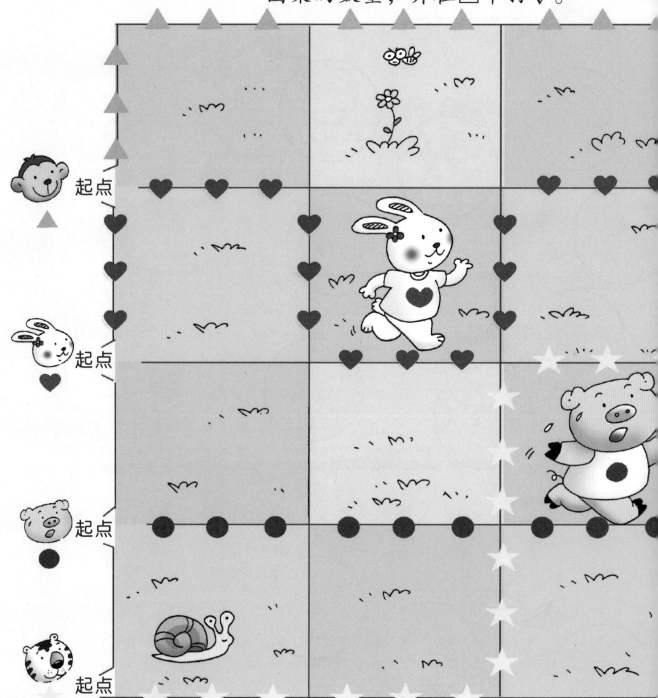

起点

起点

起点

起点

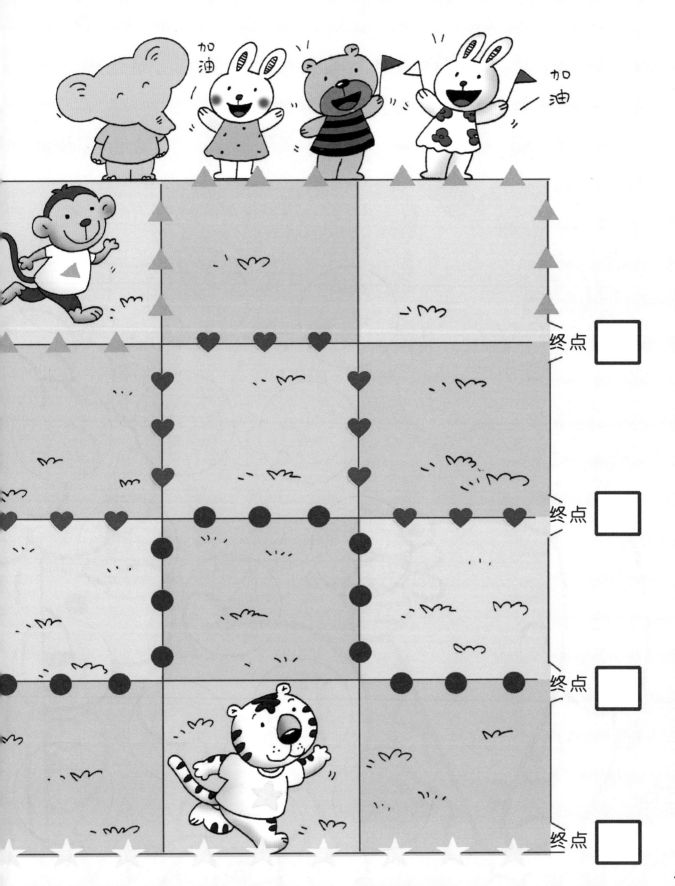

加油

加油

终点

终点

终点

终点

45

动物捉迷藏

公园里有许多动物在玩捉迷藏，请你依照图示用镜子来找一找，图中都藏着哪些动物呢？

布置
圣诞树

圣诞节到了，小熊和爸妈一起布置圣诞树。请数数看，它们一共挂了多少圣诞饰品，并把数字填在□中。

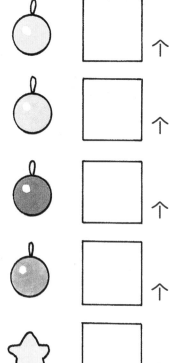

个

个

个

个

个

个